Scratch
青少年算法启蒙

▶ 方 顾　蒋先华　洪优萍　等编著

▶ 顾问：　张家华　　李鸣华　　朱敬东　　吴明晖

▶ 主审：　方 顾　　蒋先华　　洪优萍

▶ 复审：　郑芬芬　　沈永翔　　叶 晋　　金 敏
　　　　　陈树人　　郭凌倩　　徐思婕　　朱 晔

▶ 编委：　金高苑　　施 虹　　林 鸣　　侯晓蕾
　　　　　余国罡　　王嘉焕　　薛梦如　　陈晓颖
　　　　　王 霄　　卓文莉　　余刘鸿　　李玉兰
　　　　　汪兴者　　陈黎丹　　裘倩瑜　　裘炯涛
　　　　　张丽珍　　张越英　　周娇蓉　　许 璐
　　　　　陈文菊　　何聪翀　　周义凡　　金 央
　　　　　李钿钿　　孟 斌　　留芳晴　　楼 巍
　　　　　徐华斌　　李欢欢　　王关桥　　施 艳
　　　　　姚 睿　　杨晓清　　黄 宁　　张又予
　　　　　潘玉兰　　孙俊梅　　安俊霖　　邱雅楠
　　　　　孙 虎

ZHEJIANG UNIVERSITY PRESS
浙江大学出版社

序

同学们，当你们看到"算法"两个字的时候，最先想到的是七桥问题、最短路径问题、动态规划问题，还是其他数学问题呢？其实，算法可不是指数学问题，而是指我们解决问题的步骤。

《青少年算法启蒙》的编写目的就是和同学们一起梳理解决问题的思路和步骤。从你们熟悉的生活问题出发，比如如何跨过水坑，如何规划回家路线，进而引发思考，层层深入，将问题的解决方案详细描述与模拟，并结合表格或流程图将解决方案流程化，借助图形化编程工具将算法的过程与结果呈现出来，最终使你们意识到原来解决生活问题的时候都用到了算法！

《青少年算法启蒙》整体风格适合青少年读者，内容呈现清晰、明确，有章程。因此，不管你们是初次接触算法，还是有一定的算法基础，都可以在阅读时轻松上手，在反复练习中轻松掌握。

最后，值得一提的是，本书的编者团队不仅包含教育心理学专家学者，还包含在教育领域深耕多年的一线优秀教师和知名编程机构的课程研发团队，希望书中每一个精心设计的项目都可以带领你们开启一场奇妙的编程算法之旅。

"小码王"创始人　王江有

目录 Contents

Scratch

算法的概念

下过雨的早晨，上学路上有一个大水坑，小码君要越过水坑，该怎么办呢？

每当我们想做一件事（解决问题）时，都会思考该怎么做（方法）。这里所说的方法，就是算法。

放学了，该选哪条路线回家呢？根据不同需求思考相应的算法吧！

校园小导游

尝试设计一条参观路线:

从校门出发到根深叶茂广场。
同桌之间互相交流,看看谁设计的路线比较好。

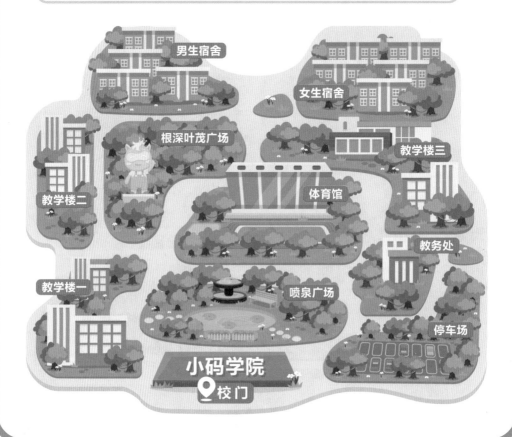

知识总结

1. 算法主要解决的是按什么顺序,做什么事情。
2. 算法是解决问题、实现目标的方法。

算法的描述

早晨，小码君从起床到离开家去上学，需要做哪些事情呢？

换衣服

吃早饭

背书包

刷牙

起床

穿鞋子

洗脸

算法描述

| 第一步 | 起床 |  |

| 第二步 | 刷牙、洗脸 | |

| 第三步 | 换衣服 |  |

| 第四步 | 吃早饭 |  |

| 第五步 | 穿鞋子 |  |

| 第六步 | 背书包 | |

我们还可以用流程图描述算法。流程图中不同的形状表示不同的算法含义。

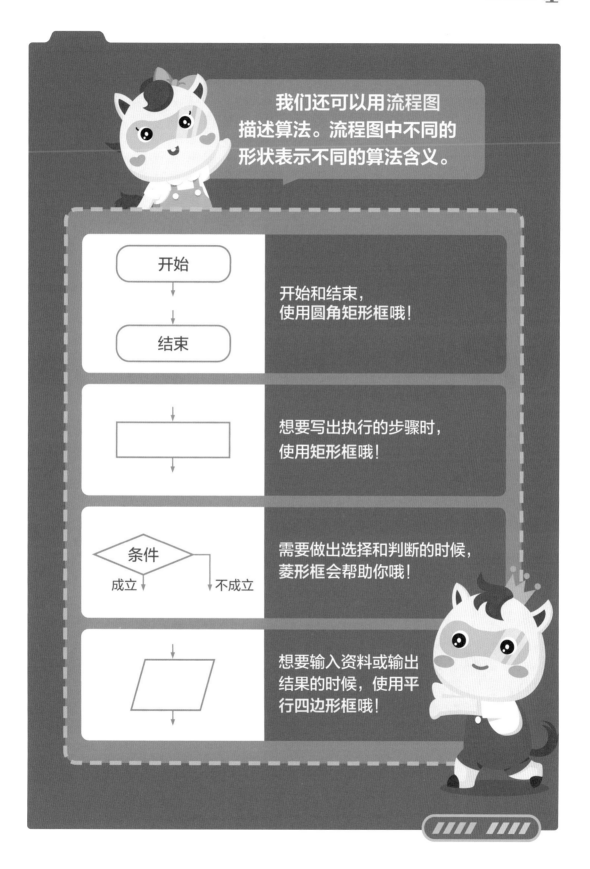

开始

结束

开始和结束，
使用圆角矩形框哦！

想要写出执行的步骤时，
使用矩形框哦！

条件

成立   不成立

需要做出选择和判断的时候，
菱形框会帮助你哦！

想要输入资料或输出
结果的时候，使用平
行四边形框哦！

试一试

尝试用**流程图**来表示你早上做的事情。

我是长发女生，每天早晨还得梳头，得把这个指令框也加上！

梳头

如果早上下雨，就得带雨伞。我想把这个指令框也放进去。

是否下雨?

开始

结束

知识总结

用表格或流程图来描述算法可以让解决问题的过程变得更加清晰。

算法的作用

3

数学课上，小码君需要绘制一个边长为
100 个单位长度的正方形，他该怎么绘制呢？

算法描述

| 第一步 | 用画笔绘制一条长度为 100 个单位长度的线段 |

←—100—→

| 第二步 | 从上一条线段的末端开始，将画笔按顺时针方向旋转 90 度，绘制一条长 100 个单位长度的垂线段 |

| 第三步 | 从上一条线段的末端开始，将画笔按顺时针方向旋转 90 度，绘制一条长 100 个单位长度的垂线段 |

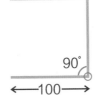

| 第四步 | 从上一条线段的末端开始，将画笔按顺时针方向旋转 90 度，绘制一条长 100 个单位长度的垂线段 |

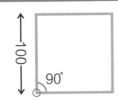

试一试

如果绘制一个边长是 100 个单位长度的**正五边形**，需要如何调整步骤？和同学讨论一下，尝试用流程图来表示绘制正 n 边形的算法（方法）。

> 用这个算法，我们就可以绘制出指定边数的正多边形了。

知识总结

算法的作用在于：用一个算法可以解决一类问题。

4

交换两个数值

小码君在帮妈妈分装调味料，不小心在酱油瓶中倒入了醋，在醋瓶中倒入了酱油，怎样才能将瓶中的液体互换呢？

算法推演

首先准备一个空瓶作为备用瓶，将酱油瓶中的醋倒入备用瓶，随后再将醋瓶中的酱油倒入酱油瓶中，再把备用瓶中的醋倒入醋瓶中。

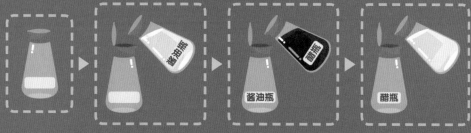

要想在程序中交换两个数值也可以使用这种方法。

假设变量 A=4 和变量 B=12。

为了交换 A 和 B 的值，我们需要创建一个新的变量 C。

(1) 把 A 的值赋给 C，此时 A=4，B=12，C=4；

(2) 把 B 的值赋给 A，此时 A=12，B=12，C=4；

(3) 把 C 的值赋给 B，此时 A=12，B=4，C=4。

想一想 变量 C 的作用是什么？能否省去它？

算法描述

开始
A=4
B=12
C=A
A=B
B=C
输出 A 和 B 的值
结束

第一步　把 A 的值赋给 C
第二步　把 B 的值赋给 A
第三步　把 C 的值赋给 B

算法实现

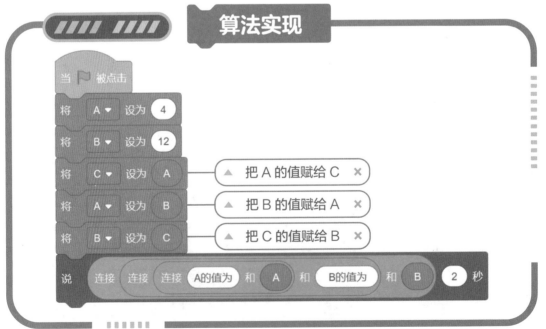

当 ▶ 被点击
将 A ▾ 设为 4
将 B ▾ 设为 12
将 C ▾ 设为 A　　▲ 把 A 的值赋给 C ✕
将 A ▾ 设为 B　　▲ 把 B 的值赋给 A ✕
将 B ▾ 设为 C　　▲ 把 C 的值赋给 B ✕
说 连接 连接 连接 A的值为 和 A 和 B的值为 和 B 2 秒

求两数之差

任意输入两个数，求这两个数的差，需要先比较这两个数的大小，再用较大数减去较小数。

请输出这两个数字的差：

12 - 4 = | 4 - 12 = |

算法推演

● 假设先输入的数是 12，再输入的数是 4：

12   4

由于 12>4，因此直接将"12-4"的结果输出即可。

12 > 4   12 – 4 = 8

● 假设先输入的数是 4，再输入的数是 12：

4   12

（1）由于"4<12"，所以需要交换这两个数的位置，表示为"12-4"；

4 < 12   4 12   12 – 4

（2）计算出"12-4"的差为"8"。

12 – 4 = 8

想一想　如果被减数等于减数怎么办？

算法描述

第一步	分别输入两个数 A 和 B
第二步	条件判断：A 是否大于 B
	如果条件成立：
第三步	输出 "A – B" 的结果
	如果条件不成立：
第三步	输出 "B – A" 的结果

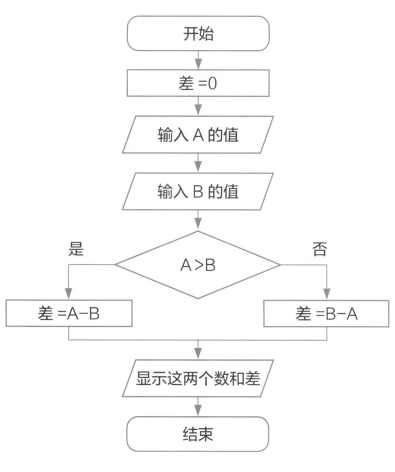

算法实现

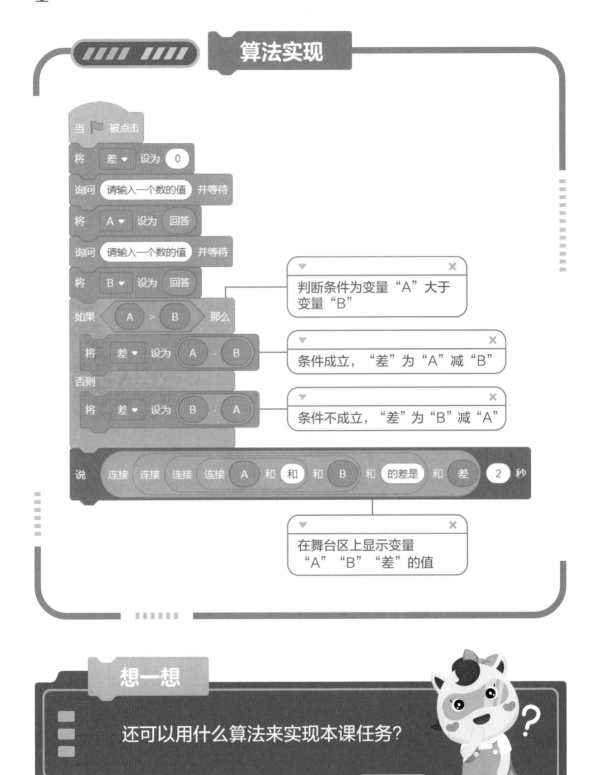

当 🚩 被点击

将 差 ▾ 设为 0

询问 请输入一个数的值 并等待

将 A ▾ 设为 回答

询问 请输入一个数的值 并等待

将 B ▾ 设为 回答

> 判断条件为变量 "A" 大于变量 "B"

如果 A > B 那么

将 差 ▾ 设为 A - B

> 条件成立，"差" 为 "A" 减 "B"

否则

将 差 ▾ 设为 B - A

> 条件不成立，"差" 为 "B" 减 "A"

说 连接 连接 连接 连接 A 和 和 和 B 和 的差是 和 差 2 秒

> 在舞台区上显示变量 "A" "B" "差" 的值

想一想

还可以用什么算法来实现本课任务？

6

寻找最大数

任意输入三个数，要找出其中最大的数，怎么办？

算法推演

假设输入的数字是 4、12 和 6：

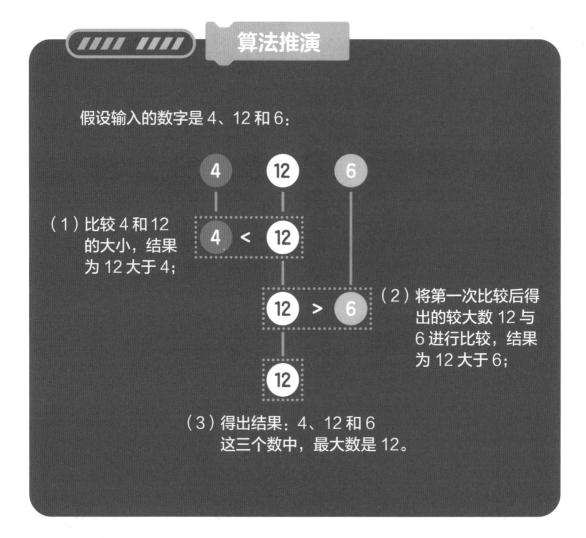

（1）比较 4 和 12 的大小，结果为 12 大于 4；

（2）将第一次比较后得出的较大数 12 与 6 进行比较，结果为 12 大于 6；

（3）得出结果：4、12 和 6 这三个数中，最大数是 12。

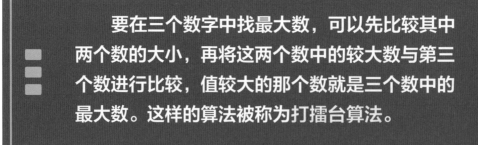

要在三个数字中找最大数，可以先比较其中两个数的大小，再将这两个数中的较大数与第三个数进行比较，值较大的那个数就是三个数中的最大数。这样的算法被称为打擂台算法。

试一试

使用**打擂台算法**，推演求 5、2 和 10 这三个数中的最大数。

算法描述

第一步	分别输入三个数
第二步	条件判断："第一个数"是否大于"第二个数"
	如果条件成立：
第三步	"最大数"是第一个数
	如果条件不成立：
第三步	"最大数"是第二个数
第四步	条件判断："第三个数"是否大于"最大数"
	如果条件成立：
第五步	"最大数"是第三个数

算法描述

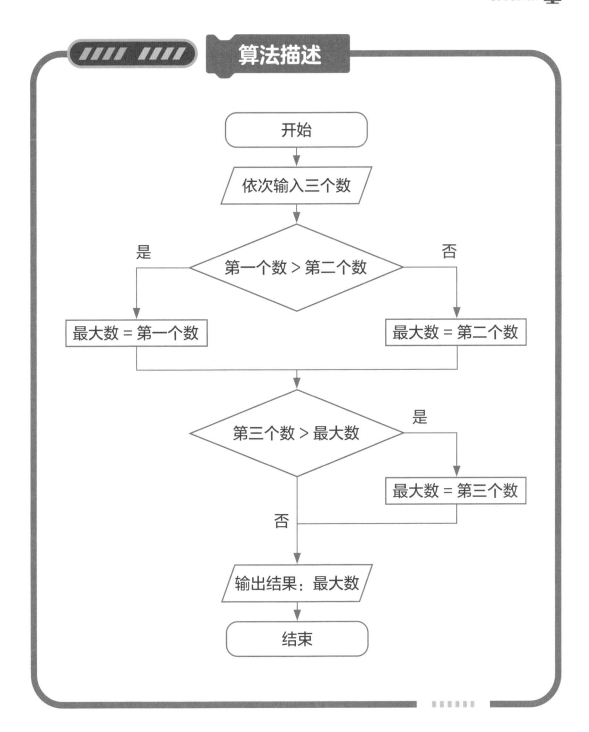

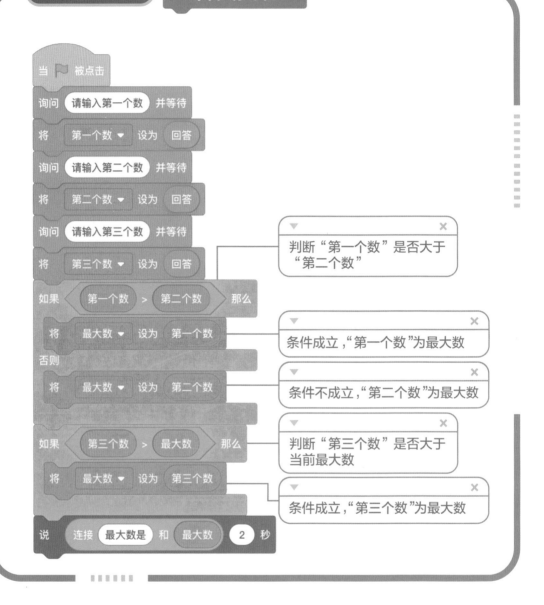

算法实现

当 ▶ 被点击

询问 请输入第一个数 并等待
将 第一个数 ▼ 设为 回答
询问 请输入第二个数 并等待
将 第二个数 ▼ 设为 回答
询问 请输入第三个数 并等待
将 第三个数 ▼ 设为 回答

判断"第一个数"是否大于"第二个数"

如果 第一个数 > 第二个数 那么
　将 最大数 ▼ 设为 第一个数

条件成立,"第一个数"为最大数

否则
　将 最大数 ▼ 设为 第二个数

条件不成立,"第二个数"为最大数

如果 第三个数 > 最大数 那么

判断"第三个数"是否大于当前最大数

　将 最大数 ▼ 设为 第三个数

条件成立,"第三个数"为最大数

说 连接 最大数是 和 最大数 2 秒

进阶任务

研究从任意 n 个数中找出最大数的算法。

7

冒泡排序

对于任意输入的三个数，怎样才能将它们按从小到大的顺序输出呢？

算法推演

假设输入的三个数字依次为：164、152、145

第一趟排序：

第一次比较		比较第一个数与第二个数。因为 164 大于 152，所以需要交换两个数位置。
排序结果		
第二次比较	152 164 > 145	比较第二个数与第三个数。（注意：此时第二个数为更新顺序后的结果）因为 164 大于 145，所以需要交换两个数位置。
排序结果		

第二趟排序：

第一次比较	152 > 145 164	比较第一个数与第二个数。因为 152 大于 145，所以需要交换两个数位置。
排序结果	145 152 164	

想一想　第二趟排序中是否还需要进行第二次比较，为什么？

从上述算法推演可以看出，在每一趟排序后，最大的数字随着比较过程逐步被交换到了数列的最后位置，就像气泡从水底慢慢地浮到了水面。因此，我们将这种排序算法叫作冒泡排序。

如果对四个数进行冒泡排序，最多需要进行几趟排序？尝试推演一下算法？

算法描述

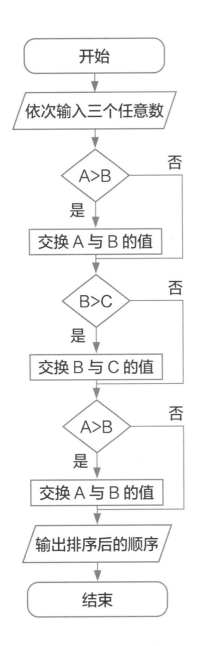

开始

依次输入三个任意数

A>B 否

是

交换 A 与 B 的值

B>C 否

是

交换 B 与 C 的值

A>B 否

是

交换 A 与 B 的值

输出排序后的顺序

结束

输入任意三个数字并赋值给 A、B、C：

第一步	判断 A 是否大于 B，如果是，那么就交换 A 和 B 的值。
第二步	判断 B 是否大于 C，如果是，那么就交换 B 和 C 的值。
第三步	判断 A 是否大于 B，如果是，那么就交换 A 和 B 的值。

算法实现

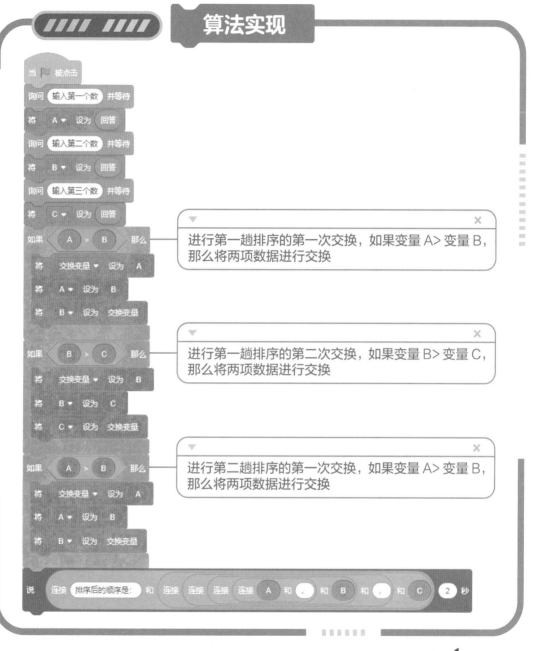

当 ▶ 被点击

询问 输入第一个数 并等待

将 A ▼ 设为 回答

询问 输入第二个数 并等待

将 B ▼ 设为 回答

询问 输入第三个数 并等待

将 C ▼ 设为 回答

如果 A > B 那么
  将 交换变量 ▼ 设为 A
  将 A ▼ 设为 B
  将 B ▼ 设为 交换变量

> 进行第一趟排序的第一次交换，如果变量 A> 变量 B，那么将两项数据进行交换

如果 B > C 那么
  将 交换变量 ▼ 设为 B
  将 B ▼ 设为 C
  将 C ▼ 设为 交换变量

> 进行第一趟排序的第二次交换，如果变量 B> 变量 C，那么将两项数据进行交换

如果 A > B 那么
  将 交换变量 ▼ 设为 A
  将 A ▼ 设为 B
  将 B ▼ 设为 交换变量

> 进行第二趟排序的第一次交换，如果变量 A> 变量 B，那么将两项数据进行交换

说 连接 排序后的顺序是: 和 连接 连接 连接 连接 A 和 , 和 B 和 , 和 C 2 秒

进阶任务

编制出能够对任意四个数进行冒泡排序的程序。

8

插入排序

关于给数字排序的方法，除了冒泡排序算法，还有其他算法吗？

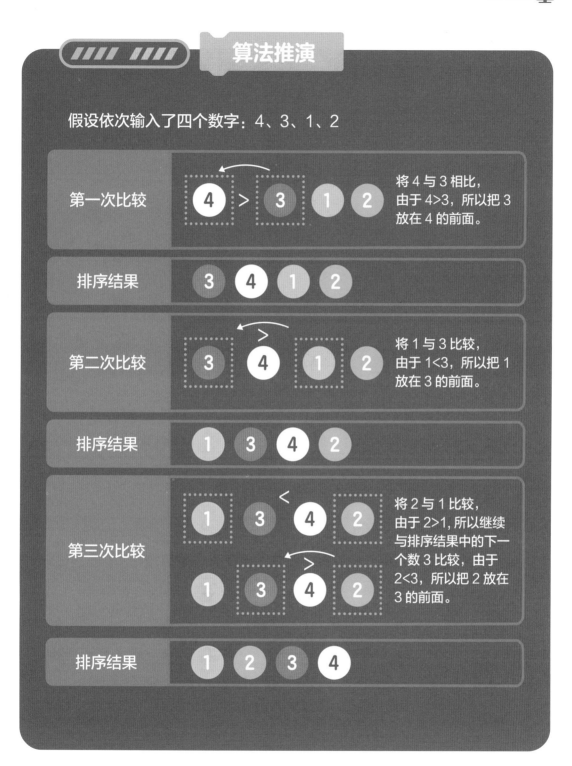

算法推演

假设依次输入了四个数字：4、3、1、2

第一次比较　4 > 3 1 2
将 4 与 3 相比，由于 4>3，所以把 3 放在 4 的前面。

排序结果　3 4 1 2

第二次比较　3 > 4 1 2
将 1 与 3 比较，由于 1<3，所以把 1 放在 3 的前面。

排序结果　1 3 4 2

第三次比较　1 3 4 < 2
1 3 4 > 2
将 2 与 1 比较，由于 2>1，所以继续与排序结果中的下一个数 3 比较，由于 2<3，所以把 2 放在 3 的前面。

排序结果　1 2 3 4

从上述算法推演可以看出，新的排序元素根据自己的大小，不断被插入到已排序队列中，就像插队一样。因此，我们将这种排序算法叫作插入排序。

小技巧　插入排序对于提供了数列插入指令的程序设计语言，使用起来比较方便。

算法描述

对于任意输入的四个数字 A、B、C、D：

第一步	判断 A 与 B 的大小，将较小数放在排序结果队列的第一个位置，较大数放在第二个位置
第二步	将 C 依次与结果队列中的各数比较，直到遇到比它小的数，将它插入该数之后的位置
第三步	将 D 依次与结果队列中的各数比较，直到遇到比它小的数，将它插入该数之后的位置

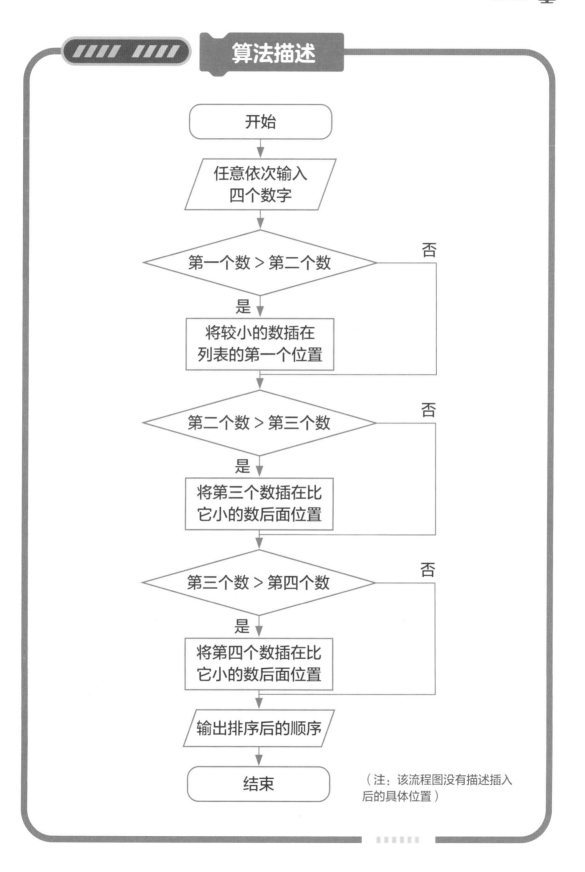

算法描述

开始

任意依次输入
四个数字

第一个数 > 第二个数 —— 否

是

将较小的数插在
列表的第一个位置

第二个数 > 第三个数 —— 否

是

将第三个数插在比
它小的数后面位置

第三个数 > 第四个数 —— 否

是

将第四个数插在比
它小的数后面位置

输出排序后的顺序

结束

（注：该流程图没有描述插入
后的具体位置）

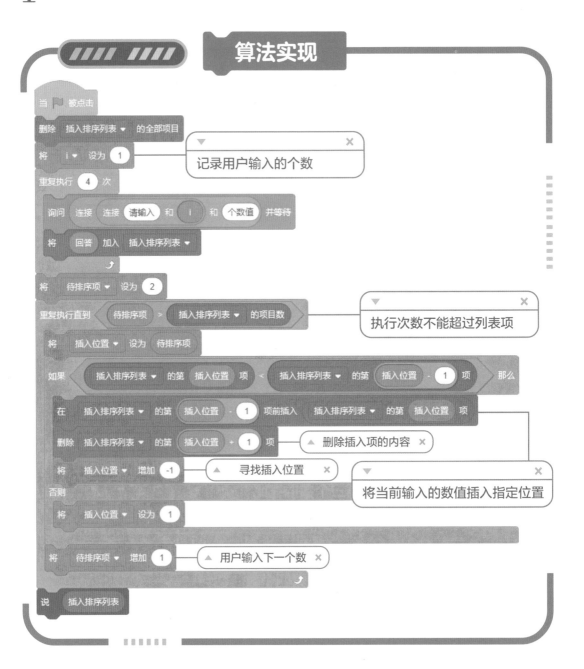

算法实现

当 ▶ 被点击

删除 插入排序列表 ▼ 的全部项目

将 i ▼ 设为 1 ┄ 记录用户输入的个数

重复执行 4 次
　询问 连接 连接 请输入 和 i 和 个数值 并等待
　将 回答 加入 插入排序列表 ▼

将 待排序项 ▼ 设为 2

重复执行直到 待排序项 > 插入排序列表 ▼ 的项目数 ┄ 执行次数不能超过列表项

　将 插入位置 ▼ 设为 待排序项

　如果 插入排序列表 ▼ 的第 插入位置 项 < 插入排序列表 ▼ 的第 插入位置 - 1 项 那么
　　在 插入排序列表 ▼ 的第 插入位置 - 1 项前插入 插入排序列表 ▼ 的第 插入位置 项
　　删除 插入排序列表 ▼ 的第 插入位置 + 1 项 ┄ 删除插入项的内容
　　将 插入位置 ▼ 增加 -1 ┄ 寻找插入位置 ┄ 将当前输入的数值插入指定位置
　否则
　　将 插入位置 ▼ 设为 1

　将 待排序项 ▼ 增加 1 ┄ 用户输入下一个数

说 插入排序列表

进阶任务

随机输入任意个数字，并输出排序后的结果。

等差数列求和问题

等差数列，是指一列从小到大或从大到小的数列，且数列中任意相邻的两个数字之差相同。例如 1，2，3，4……就是等差数列，其中任意两项之差称作公差。

因此，等差数列的第 n 项可由公式：
首项 + 公差 ×（项数 −1）得出。

那么，如果知道了一个等差数列的首项与公差，是否就可以求出它的前 n 项数字之和呢？

求前 n 项之和？

$$a_n = a_1 + d_{(n-1)}$$
$$S_n = a_1 + a_2 + a_3 + \cdots + a_n$$

算法推演

假设等差数列的首项为 1，公差为 1，求它的前三项数字之和：

累加次数	操作	累加结果
第一次	累加项为第一项： 1+1*(1−1)=1 sum=sum+1	sum=0+1=1
第二次	累加项为第二项： 1+1*(2−1)=2 sum=sum+2	sum=1+2=3
第三次	累加项为第三项： 1+1*(3−1)=3 sum=sum+3	sum=3+3=6

想一想 如果等差数列为 1,3,5,7……求前五项数字之和。尝试推演一下算法过程。

算法描述

任意输入首项、公差、需要累加的项数：

第一步	条件判断： 当前累加项序号是否大于需要累加的项数
	如果条件不成立：
第二步	累加结果 = 上一次累加结果+[首项+公差*（当前项序号 −1）] 继续累加下一项
	如果条件成立：
第二步	输出结果，结束程序

算法描述

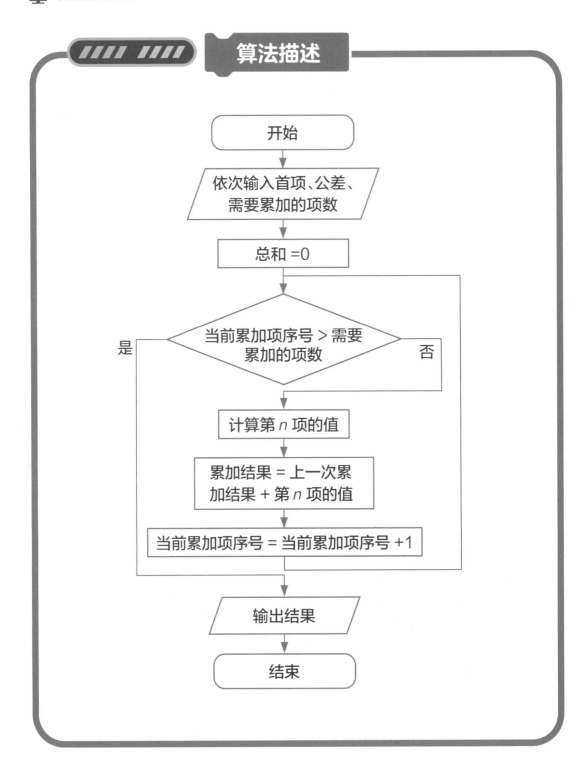

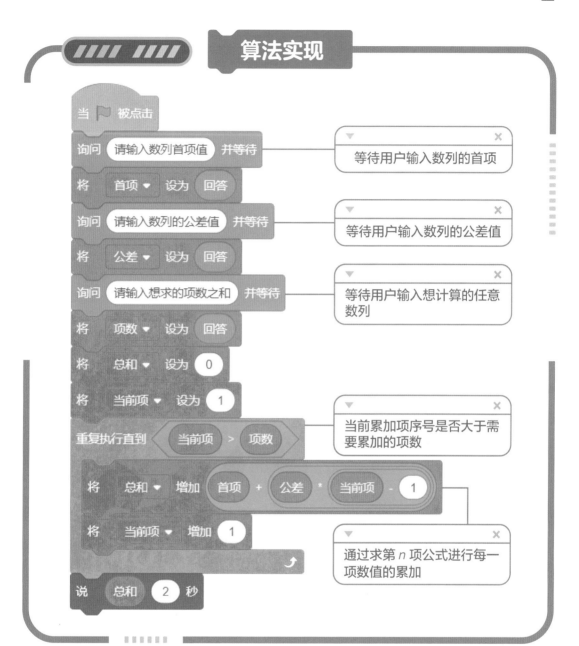

算法实现

当 ▶ 被点击

询问 请输入数列首项值 并等待
> 等待用户输入数列的首项

将 首项 ▾ 设为 回答

询问 请输入数列的公差值 并等待
> 等待用户输入数列的公差值

将 公差 ▾ 设为 回答

询问 请输入想求的项数之和 并等待
> 等待用户输入想计算的任意数列

将 项数 ▾ 设为 回答

将 总和 ▾ 设为 0

将 当前项 ▾ 设为 1

重复执行直到 当前项 > 项数
> 当前累加项序号是否大于需要累加的项数

将 总和 ▾ 增加 首项 + 公差 * 当前项 - 1

将 当前项 ▾ 增加 1
> 通过求第 n 项公式进行每一项数值的累加

说 总和 2 秒

进阶任务

查找学习等比数列的概念,编制程序:求一个等比数列前 n 项之和。

列表搜索

对于一个拥有多个元素的列表，怎样才能判断其中是否包含某个特定值呢？

算法推演

假设有一份记录姓名的名单，包含小佳、小琦、小明、小王、小赵五个名字，要从名单中搜索"小明"的位置：

名单

小佳 ✕ ▶ （1）将小明与名单的第 1 项比较，结果不同，继续比较第 2 项；

小琦 ✕ ▶ （2）将小明与名单的第 2 项比较，结果不同，继续比较第 3 项；

小明 ✓ ▶ （3）将小明与名单的第 3 项比较，结果相同。小明位于名单中的第 3 项。

小王

小赵

从上述算法推演可以看出，将要搜索的内容依次与列表中的每一项元素相比较，直到找到为止。我们将这种搜索方式称为线性搜索。

算法描述

任意输入五个小朋友的名字：

第一步	条件判断： 从列表的第一项开始，是否已经搜索完整个列表
	如果条件不成立：
第二步	条件判断：当前列表项值是否与搜索内容相同
	如果条件成立：
第三步	输出搜索结果：找到
	如果条件不成立：
第三步	继续在列表中搜索下一项，返回第一步

算法描述

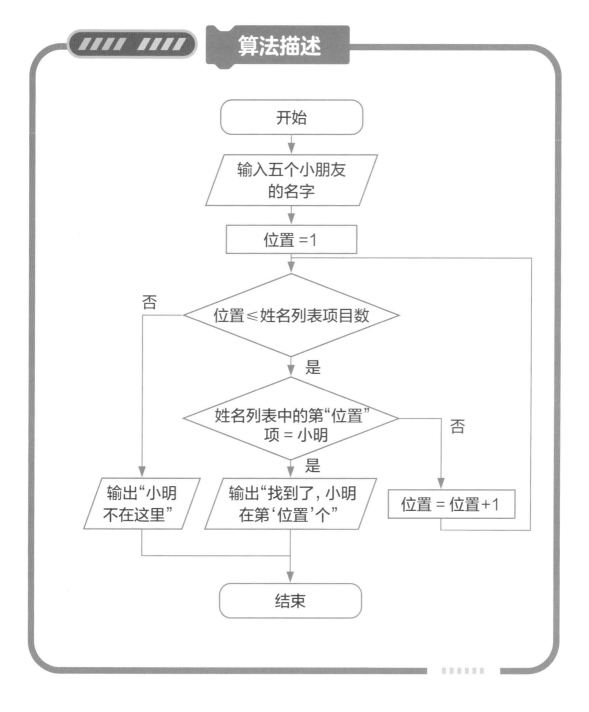

算法实现

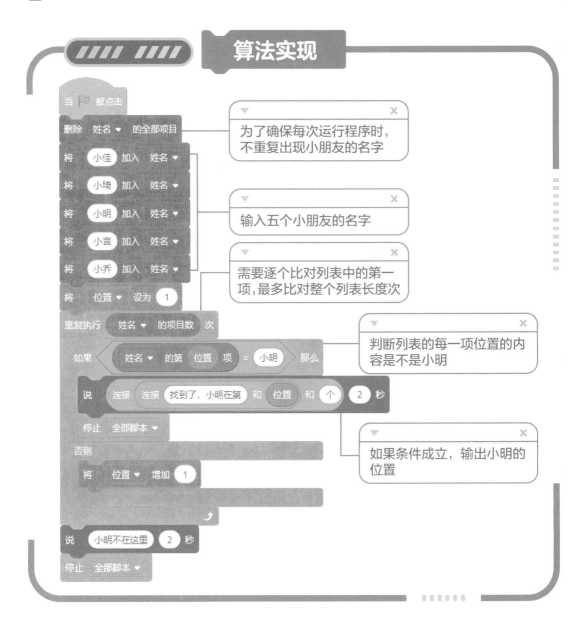

当 🏴 被点击

删除 姓名 ▼ 的全部项目

将 小佳 加入 姓名 ▼

将 小琦 加入 姓名 ▼

将 小明 加入 姓名 ▼

将 小言 加入 姓名 ▼

将 小乔 加入 姓名 ▼

将 位置 ▼ 设为 1

重复执行 姓名 ▼ 的项目数 次

　如果 姓名 ▼ 的第 位置 项 = 小明 那么

　　说 连接 连接 找到了，小明在第 和 位置 和 个 2 秒

　　停止 全部脚本 ▼

　否则

　　将 位置 ▼ 增加 1

说 小明不在这里 2 秒

停止 全部脚本 ▼

> 为了确保每次运行程序时，不重复出现小朋友的名字

> 输入五个小朋友的名字

> 需要逐个比对列表中的第一项，最多比对整个列表长度次

> 判断列表的每一项位置的内容是不是小明

> 如果条件成立，输出小明的位置

进阶任务

　　有 10 张数字牌，每张牌背面是完全一样的花色；正面是 1 到 100 之间随机生成的数字。现在牌的背面向上，我们看不到牌正面的数字。请同学们试一试，输入一个数字作为查找目标，找出它在这些牌中的位置，如果目标不在数字牌中，输出"不在其中"。

11

麦粒问题

在印度有一个古老的传说：国王打算奖赏发明了国际象棋的大臣。于是，他问大臣："你想要什么？"大臣对国王说："陛下，我只要一些麦粒。请您在这张棋盘的第 1 个小格放 1 粒麦子，第 2 个小格放 2 粒，第 3 个小格放 4 粒，第 4 个小格放 8 粒，以此类推，直到把 64 格棋盘放满就行了。"国王觉得这个要求太容易满足了，就答应给他这些麦粒。当人们把一袋一袋的麦子搬来开始计算时，国王才发现：就算把全印度甚至全世界的麦粒都拿来，也满足不了他的要求。

那么，这位大臣要求得到的麦粒数量到底是多少呢？

直到把64格棋盘放满

算法推演

相邻格子的麦粒数有一定规律，后一格的麦粒数是前一格的 2 倍。若用变量 step 表示当前所处格子的序号，变量 total 表示格子中存放的麦粒数，变量 sum 表示累加得到的麦粒数，那么分析过程如下：

格子的序号 (step)	当前格子存放的麦粒数 (total)	累加和 (sum)
1	1	1
2	1*2	1+2
3	2*2	1+2+4
4	2*2*2	1+2+4+8
...	...	...
64	2*2*2 …*2	1+2+4+8 …

算法描述

第一步	输入棋盘总格子数
第二步	当前格子存放麦粒数 = 前一个格子存放的麦粒数 *2
第三步	累加每个格子的麦粒数
第四步	输出麦粒的总数

麦粒问题　　　　搜索

总数为：

1 + 2 + 4 + 8 + ⋯ + 2的63次方

= 2的64次方−1

= 18446744073709551615（粒）

人们估计，全世界需要500年才能生产这么多麦子！

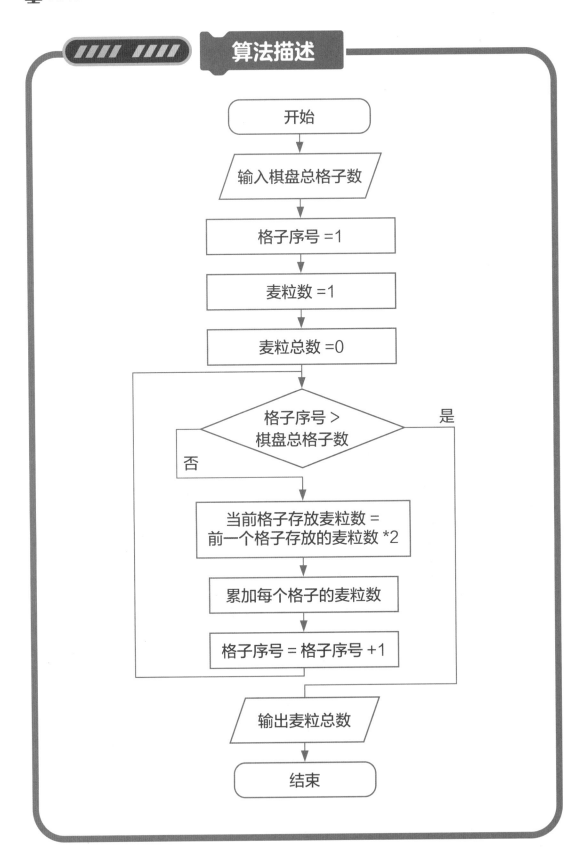

算法描述

开始

输入棋盘总格子数

格子序号 =1

麦粒数 =1

麦粒总数 =0

格子序号 >
棋盘总格子数

是

否

当前格子存放麦粒数 =
前一个格子存放的麦粒数 *2

累加每个格子的麦粒数

格子序号 = 格子序号 +1

输出麦粒总数

结束

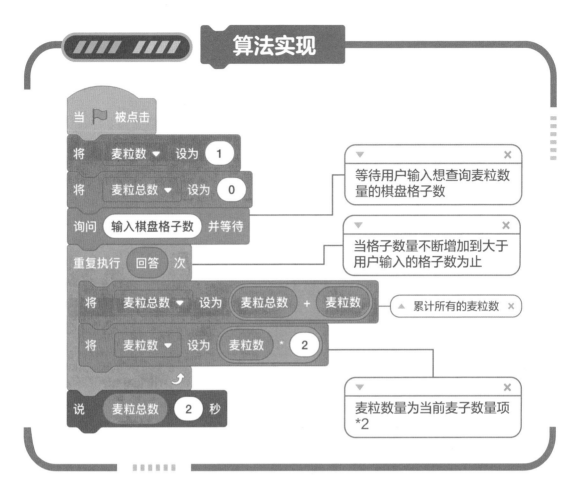

算法实现

当 ▶ 被点击

将 麦粒数 ▼ 设为 1

将 麦粒总数 ▼ 设为 0

询问 输入棋盘格子数 并等待

重复执行 回答 次

　　将 麦粒总数 ▼ 设为 麦粒总数 + 麦粒数

　　将 麦粒数 ▼ 设为 麦粒数 * 2

说 麦粒总数 2 秒

等待用户输入想查询麦粒数量的棋盘格子数

当格子数量不断增加到大于用户输入的格子数为止

▲ 累计所有的麦粒数 ✕

麦粒数量为当前麦子数量项 *2

进阶任务

请在当前程序的基础上，计算任意格上的总麦粒数。

九九乘法表

"一一得一，一二得二，一三得三，……"
这是小学二年级的小朋友学习的九九乘法表。
那么，怎样才能在计算机上输出它呢？

九九乘法表

算法推演

为了理清思路，我们假定九九乘法表是按列输出的。先输出第一列：1×1=1、1×2=2、1×3=3、…、1×9=9；再输出下一列：2×2=4、2×3=6、…；以此类推，直到最后一列：9×9=81。

输出第一列	输出下一列	最后一列
1×1=1		
1×2=2	2×2=4	
1×3=3	2×3=6	
…	…	…
1×9=9	2×9=18	9×9=81

我们可以发现每一列的第一个数（被乘数）是不变的，而每一列的第二个数（乘数）每次增加1，一列结束之后下一列的第一个数也要增加1，所以我们的程序也可以按照这个思路来编写。

想一想 逐行输出与逐列输出九九乘法表有什么区别？
（提示：乘数和被乘数改变的规律）

算法描述

第一步	将被乘数设为 1
第二步	条件判断：被乘数是否大于 9
	如果条件不成立：
第三步	将乘数设为被乘数
第四步	条件判断：乘数是否大于 9
	如果成立：
第五步	被乘数增加 1，并返回第二步
	如果不成立：
第五步	显示结果"被乘数 * 乘数 = 积"，然后让乘数增加 1 后返回第四步（注：结果中的被乘数、乘数、积为当前步骤计算得到的具体结果。）

算法描述

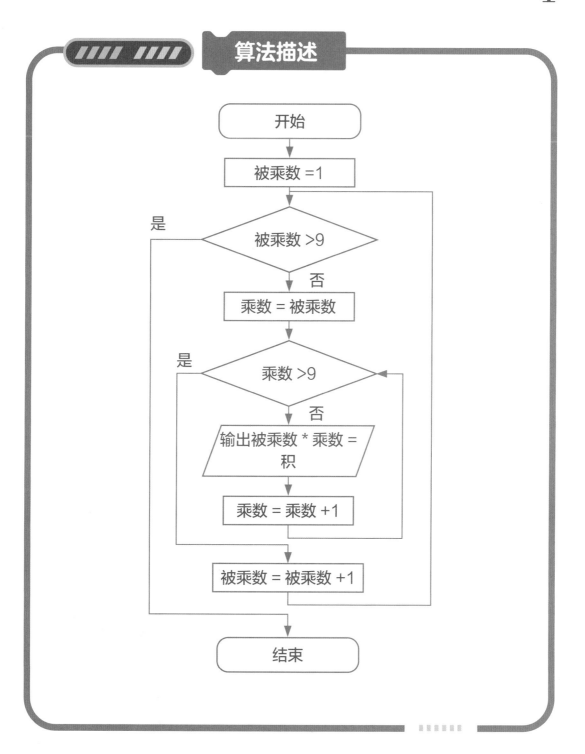

算法实现

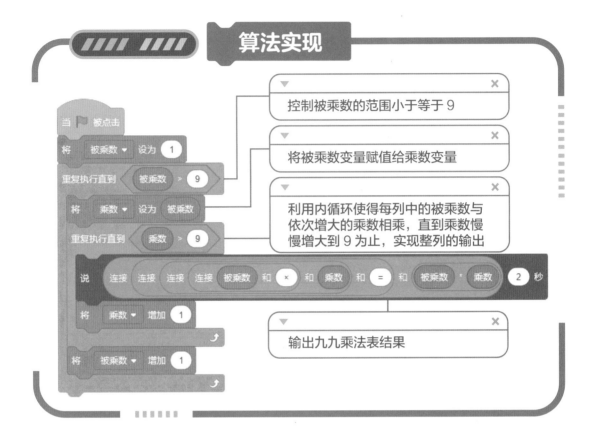

当 🏁 被点击

将 被乘数 ▾ 设为 1

重复执行直到 〈 被乘数 〉 9 〉 —— 控制被乘数的范围小于等于 9

　将 乘数 ▾ 设为 被乘数 —— 将被乘数变量赋值给乘数变量

　重复执行直到 〈 乘数 〉 9 〉 —— 利用内循环使得每列中的被乘数与依次增大的乘数相乘，直到乘数慢慢增大到 9 为止，实现整列的输出

　　说 连接 连接 连接 连接 被乘数 和 × 和 乘数 和 = 和 被乘数 * 乘数 2 秒 —— 输出九九乘法表结果

　　将 乘数 ▾ 增加 1

　将 被乘数 ▾ 增加 1

进阶任务

本课任务得到的乘法表是按列输出，如果要按行输出，该如何设计程序？

1×1=1								
1×2=2	2×2=4							
1×3=3	2×3=6	3×3=9						
1×4=4	2×4=8	3×4=12	4×4=16					
1×5=5	2×5=10	3×5=15	4×5=20	5×5=25				
1×6=6	2×6=12	3×6=18	4×6=24	5×6=30	6×6=36			
1×7=7	2×7=14	3×7=21	4×7=28	5×7=35	6×7=42	7×7=49		
1×8=8	2×8=16	3×8=24	4×8=32	5×8=40	6×8=48	7×8=56	8×8=64	
1×9=9	2×9=18	3×9=27	4×9=36	5×9=45	6×9=54	7×9=63	8×9=72	9×9=81

百钱买百鸡

中国古代数学家张丘建在他的《张丘建算经》中提出了著名的"百鸡问题"：鸡翁一，值钱五；鸡母一，值钱三；鸡雏三，值钱一。百钱买百鸡，问鸡翁、鸡母、鸡雏各几何？

算法推演

假设公鸡有 x 只,母鸡有 y 只,小鸡有 z 只。

公鸡 = x　　母鸡 = y　　小鸡 = z

根据题意,如果全部买公鸡则最多可以买 100/5 只,所以 x 的取值范围是 $0 \leq x \leq 20$;

$5 * x = 100$　　$0 \leq x \leq 20$

如果全部买母鸡,则最多可以买 100/3 只,所以 y 的取值范围是 $0 \leq y \leq 33$;

$3 * y = 99$(最大值)　　$0 \leq y \leq 33$

如果全部买小鸡,则最多可以买 100×3 只,但买到的鸡的总数量必须为 100 只,所以 z 的取值范围是 $0 \leq z \leq 100$。

$3 * z = 300$(总数 100 为最大值)　　$0 \leq z \leq 100$

5钱　　3钱　　1钱/3只鸡

算法描述

第一步	假设公鸡、母鸡、小鸡的数量
第二步	条件判断：公鸡数量是否在取值范围内
	如果条件成立：
第三步	条件判断：母鸡数量是否在取值范围内
	如果条件成立：
第四步	总金额是否为 100
	如果条件成立：
第五步	输出当前的公鸡、母鸡、小鸡数量
	如果条件不成立：
第三步	增加公鸡的数量
	如果条件不成立：
第四步	增加母鸡的数量

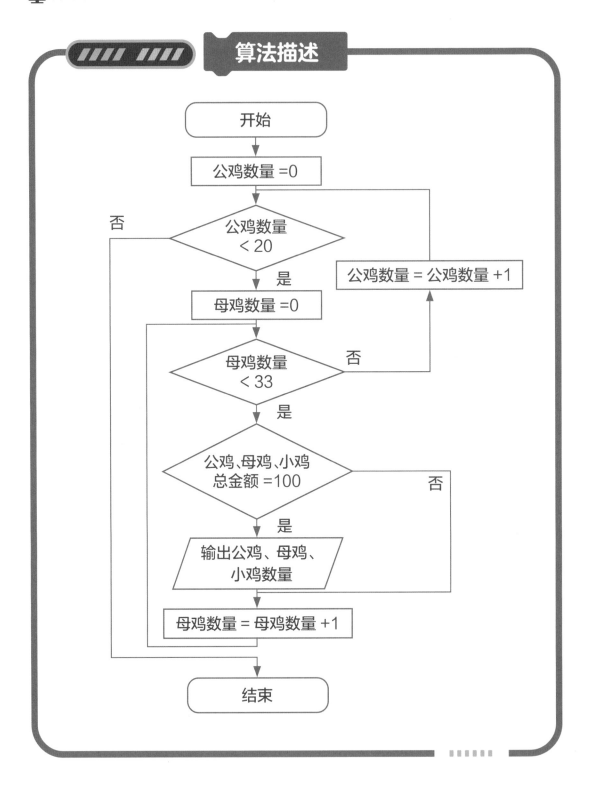

算法描述

开始

公鸡数量 =0

公鸡数量 < 20

否

是

公鸡数量 = 公鸡数量 +1

母鸡数量 =0

母鸡数量 < 33

否

是

公鸡、母鸡、小鸡 总金额 =100

否

是

输出公鸡、母鸡、小鸡数量

母鸡数量 = 母鸡数量 +1

结束

算法实现

当 ▶ 被点击

将 公鸡 ▼ 设为 0

重复执行 20 次 ——— ▲ 公鸡的取值范围 ✕

　将 母鸡 ▼ 设为 0

　重复执行 33 次 ——— ▲ 母鸡的取值范围 ✕ 　　　　　　　　　　　　　　▲ 判断总金额是否为 100 ✕

　　如果 〈 公鸡 × 5 + 母鸡 × 3 + (100 - 公鸡 - 母鸡) / 3 = 100 〉 那么

　　　说 连接 连接 连接 公鸡有: 和 公鸡 和 连接 母鸡有: 和 母鸡 和 连接 小鸡有: 和 (100 - 公鸡 - 母鸡) 2 秒

　　将 母鸡 ▼ 增加 1 ——— ▲ 输出每个种类的数值 ✕

将 公鸡 ▼ 增加 1

注意：
此程序输出结果
不唯一。

图书在版编目（CIP）数据

青少年算法启蒙 / 方顾等编著 . -- 杭州：浙江大
学出版社，2021.9
　ISBN 978-7-308-21684-5

　Ⅰ . ①青 ... Ⅱ . ①方 ... Ⅲ . ①程序设计－算法－青少
年读物 Ⅳ . ① TP311.1-49

　中国版本图书馆 CIP 数据核字 (2021) 第 164574 号

青少年算法启蒙

方　顾　蒋先华　洪优萍　等编著

策划编辑　肖　冰
责任编辑　沈国明　丁佳雯
责任校对　陈宗霖
封面设计　杨依宁
出版发行　浙江大学出版社
　　　　　（杭州市天目山路 148 号 邮政编码 310007）
　　　　　（网址：http://www.zjupress.com）
排　　版　杨依宁
印　　刷　杭州佳园彩色印刷有限公司
开　　本　787mmX1092mm　1/16
印　　张　4.25
字　　数　50 千
版 印 次　2021 年 9 月第 1 版　2021 年 9 月第 1 次印刷
书　　号　ISBN 978-7-308-21684-5
定　　价　26.00 元